ÉTUDE ANATOMIQUE

DE LA

FAMILLE DES MÉNISPERMÉES

ÉTUDE ANATOMIQUE

DE LA

FAMILLE DES MÉNISPERMÉES

PAR

RENÉ BLOTTIÈRE

PHARMACIEN DE 1ʳᵉ CLASSE DE L'ÉCOLE SUPÉRIEURE DE PARIS

PARIS

IMPRIMERIE V. GOUPY ET JOURDAN

71, RUE DE RENNES, 71

1886

INTRODUCTION.

En nous proposant de faire l'étude de la famille des Ménispermées, notre but n'est pas de reprendre l'examen de toute une classe de végétaux dont les caractères ont été maintes fois signalés. Nous n'avons pas non plus la prétention de donner de nouveau une description des 100 espèces environ que renferme cette famille. Notre plan est plus modeste et plus moderne. Sans vouloir modifier les opinions que nos maîtres en botanique ont émises sur les rapports qui relient ou éloignent chaque espèce, tentative qui ne pourrait se faire fructueusement qu'avec une connaissance plus étendue de la flore intertropicale, nous nous sommes réduit à l'examen de quelques types de la famille des Ménispermées et nous nous sommes attaché à ceux qu'une anomalie dans la structure rendait particulièrement intéressants.

On a vu de nos jours s'ouvrir pour la botanique un nouveau champ d'explorations éclairé par une idée vraiment féconde. Nous voulons parler de l'anatomie comparée servant à la classification naturelle. La connaissance des tissus n'a pas la prétention de remplacer les méthodes de classification des végétaux, méthodes qui, reposant sur les caractères naturels, sont d'une indiscutable utilité ; elle vient au contraire lui apporter son appui. Car la connaissance histologique de tous les organes des plantes en augmentant le nombre des éléments de comparaison, offre un plus grand nombre de moyens de classification qui ont déjà été mis à profit pour un certain nombre de familles.

Pour faire un travail absolument complet il eût fallu pouvoir étudier chaque végétal dans toutes ses parties, et de cette somme énorme d'observations tirer des conclusions générales.

Ce travail n'était guère possible pour des végétaux, que trop souvent nous ne possédons qu'à l'état de dessication dans les herbiers. Nous avons dû limiter notre étude à quelques types, surtout à ceux qui ont quelques rapports avec la science pharmaceutique. Heureux si nous pouvons, dans la mesure de nos forces, apporter une pierre à l'édifice toujours en progrès de la botanique et rendre par suite, service à la matière médicale et à la pharmacie.

Le plan de ce travail sera des plus simples. Après avoir donné un historique détaillé concernant les travaux publiés sur la famille, au point de vue spécial de l'anatomie, nous donnerons en quelques mots les caractères généraux des Ménispermées. Nous en ferons ensuite l'étude anatomique, tribu par tribu, en étudiant dans chacune d'elles un type auquel nous comparerons les différentes espèces étudiées.

HISTORIQUE.

Nous n'avons pas à faire ici l'histoire de la famille
des Ménispermées, bien qu'il eût été intéressant de
suivre à travers les âges l'ordre dans lequel les
végétaux de cette famille se sont présentés à l'attention des botanistes (1), et de faire voir les différentes
étapes que la science a parcourues dans la détermination botanique des espèces utiles à l'industrie
de l'homme comme la coque du Levant (2), ou à
l'art de guérir comme la racine du Colombo ou le
Pareira brava. Notre cadre ne renferme pas cette
étude historique et nous devons nous borner à
passer en revue les travaux des différents auteurs
qui se sont occupés des Ménispermées au point de
vue de leur structure anatomique.

Les anomalies des tiges de ces végétaux, anomalies dont les variations de détail d'un genre à
l'autre n'altèrent pas le type général d'organisation
histologique, ont attiré depuis longtemps l'atten-

(1) Ce fut Tournefort qui détermina le premier les caractères
du genre *Menispermum*.

(2) Avicenne et d'autres auteurs arabes mentionnent cette
drogue comme ayant la propriété d'empoisonner les poissons.

Ibn Baytar, au XIIIe siècle, avoue cependant ne pouvoir
indiquer la nature de cette substance.

tion des observateurs ; sous ce rapport, Lindley voulait séparer les Ménispermées des végétaux exogènes, tout en leur reconnaissant de grandes analogies avec les Aristolochiées. Ce fut vers 1830 « que Gaudichaud, après avoir parcouru quelques « régions du nouveau monde rapporta en France « une grande collection d'échantillons de tiges de « lianes intertropicales. Depuis lors les botanistes « français et étrangers qui s'occupaient des tiges « des plantes à structure anormale, se sont mis à « observer plus particulièrement la formation « curieuse des différents centres ligneux et les « diverses autres anomalies que l'on trouve dans « les tiges des lianes » (1).

En 1833, Decaisne, alors aide-naturaliste au Muséum, publia dans le premier volume des Archives du Muséum, un mémoire sur la famille des Lardizabalées, mémoire présenté le 4 septembre de la même année à l'Académie des Sciences. En étudiant le petit groupe des Lardizabalées, il y a observé des modifications de structure nombreuses et importantes qui l'engagèrent à en constituer une famille distincte des Ménispermées, et pour faire voir la marche que l'accroissement ligneux suit dans cette dernière famille, il eut le premier l'idée de prendre comme point de comparaison un jeune rameau de l'année de *Menispermum canadense* lors-

(1) Netto. Sur la structure anormale des tiges des Lianes. (Ann. des Sc. nat. Bot. 4ᵉ série, t. XXI, 1869).

que le tissu est encore herbacé. Il vit que cette tige présente l'organisation générale des Dicotylédones, mais qu'au bout de 2 ans apparaît une modification.

D'abord absence de couches annuelles ; mais il y a un allongement de chaque faisceau vasculaire dont la forme obovale est plus prononcée. Ces faisceaux ne se dédoublent pas, et l'accroissement se continue indéfiniment sans que le nombre des faisceaux soit augmenté ; il est facile de voir que cet accroissement se fait par la partie externe à laquelle vient s'ajouter chaque année une formation non interrompue de nouvelles fibres entremêlées de vaisseaux, tissu dépourvu de vaisseaux spiraux.

On distingue encore à la partie extérieure des formations primaires des fibres disposées en demi-lune que l'auteur prend pour du liber. On sait qu'à cette époque les fibres étaient considérées comme une des caractéristiques du liber. Conséquemment le liber était considéré comme un cambium qui donnait naissance à du bois; cette conviction erronée fait affirmer à Decaisne que le liber manque dans les faisceaux de formation secondaire et tertiaire, et que le liber du premier cercle de faisceaux reste stationnaire.

Decaisne observa le même mode de développement dans le *Cocculus laurifolius*. Nous reviendrons sur cette étude quand nous parlerons nous-même du *Cocculus laurifolius*. Comme dans le *Menispermum canadense* l'auteur se contente de constater l'anomalie sans lui chercher une origine.

M. Trécul (1) eut l'idée de rechercher l'origine de ces formations et l'explication qu'il en donne marque un progrès dans la découverte de la vérité. Il reconnaît qu'il s'est formé dans la couche utriculaire la plus jeune de l'écorce, c'est-à-dire dans la plus profonde un cloisonnement dans les cellules, et que l'ensemble de ces divisions intracellulaires a produit un méristème.

M. Radlkofer (2) reprit en 1858 l'étude de l'accroissement anormal des Ménispermées, sur les conclusions de Decaisne. Il reconnaît avec lui que les couches concentriques ne peuvent être comdarées aux couches annuelles, ni aux couches concentriques de prosenchyme des Protéacées, des Chénopodées, etc., que le développement des Ménispermées est *sui generis*, et que l'activité de chaque méristème ne dure que quelques années. Si le travail de Decaisne nous éclaire sur bien des points, il ne nous dit pas comment le nouveau cambium se produit dans le parenchyme cortical, et comment les cellules allongées du cambium résultent des cellules courtes de ce parenchyme en dehors du premier cercle de faisceaux vasculaires.

Raldkofer reproche à H. Crüger d'avoir admis, sans observation suffisante, qu'il a dû y avoir là

(1) Ann. Sc. nat. série 3, T. XIX, 265. 1853.
(2) Sur l'accroissement anormal de la tige dans les Ménispermées. (Flora 1858 et Ann. Sc. nat. Bot. 4e série, t. X., p. 164).

une formation intercellulaire, opinion qui n'est qu'une présomption; et reconnaissant comme inadmissible et inexacte l'idée émise par M. Schacht (1), d'une fusion de cellules superposées en une seule, par résorption des cloisons transversales, il reprend à son tour l'étude du *Cocculus laurifolius* et nous fait assister à la naissance du méristème dans un tissu amylifère. Pour faire comprendre ce phénomène, il entre dans de longues explications détaillées sur ce processus particulier, bien connu aujourd'hui et sur lequel nous n'insisterons pas.

Le travail de Radlkofer, qui témoigne d'une persévérante et sagace observation, nous apprend comment se forme le méristème qui doit former des faisceaux libéro-ligneux, mais nous ne savons pas encore sous quelle influence.

M. Nägeli (2) regarde les Ménispermées comme le type des Dicotylédones, possédant dans le prosenchyme des zones successives et limitées de cambium. Il précise exactement le point de départ du développement anormal. L'endoderme d'un végétal de 3 à 4 ans devient générateur et donne naissance à un méristème. Les cellules se divisent radialement par voie de division centripète et tangentiellement;

(1) Schacht (H.) (Manuel d'anatomie et de physiologie végétales, 1859).

(2) Nageli. Ueber das Wachsthum des Stammes und der Wurzel bei den Gefasspflanzen (Beiträge zur Wiss. Bot, 1858).

ce méristème se différencie extérieurement en un anneau continu de fibres jaunes sur quatre rangs. Le reste des cellules se différencie dans le même sens en parenchyme scléreux qui a pour origine une écorce secondaire. Mais la sclérose ne se fait pas uniformément. La troisième rangée, par exemple, garde ses parois minces et conserve son protoplasma. Quand la sclérose a presque rejoint l'endoderme, cette rangée devient génératrice à son tour et produit un méristème tertiaire presque exclusivement centrifuge, qui donne de place en place un cercle régulier de faisceaux libéro-ligneux, tandis que l'intervalle donne des rayons de parenchyme scléreux. Quand cet arc générateur cesse d'être actif, il se forme un nouveau méristème centrifuge dans la couche la plus interne de la zone non sclérifiée, et toujours ainsi jusqu'à épuisement des zones non encore épaissies.

Ce développement compliqué se trouverait peut-être dans d'autres végétaux, mais n'a été nulle part étudié avec le même soin.

La structure des tiges des Ménispermées a été encore étudiée par : Griffith, H. Mohl, Eichler; mais comme ces auteurs n'ont rien ajouté de particulier à ce que nous venons de relater, nous croyons devoir borner ici notre aperçu historique et mentionner seulement les observations de M. Baillon (1). Il rapporte la confirmation que MM. J. Hooker

(1) Histoire des plantes, tome III. 1852.

et Thomson ont donné des faits qui ont été exposés. Ces auteurs ont constaté de plus que la structure des types les plus voisins peut différer autant que l'organisation histologique est parfois la même dans les genres les plus éloignés les uns des autres. La moelle, disent ces auteurs, peut former depuis $\frac{1}{5}$ jusqu'aux $\frac{3}{4}$ de l'épaisseur de la tige, et le nombre des faisceaux ligneux varie d'une douzaine à soixante-dix. Ils sont formés de fibres ponctuées, mélangées de vaisseaux. Les faisceaux libériens sont plus ou moins écartés les uns des autres, et leur coupe transversale représente un croissant plus ou moins arqué ; mais ils peuvent aussi être confondus en une zone continue.

Enfin, aux caractères qui précèdent, M. Baillon en ajoute trois qui avaient été complètement passés sous silence dans l'étude des tiges des Ménispermées. La zone qui enveloppe la moelle présente parfois des caractères particuliers. Outre qu'elle est souvent verdâtre, et d'un tissu serré et dense, comme il arrive fréquemment pour les couches profondes du parenchyme cortical, et pour les rayons médullaires auxquels elle fait suite, cette zone est dans les Ménispermées formée d'éléments allongés, résistants, intermédiaires pour les caractères extérieurs aux fibres et aux cellules de parenchyme. En second lieu il signale la présence de vaisseaux laticifères dans les faisceaux libéro-ligneux des *Anamirta*. Troisièmement il distingue dans les *Anamirta*, les *Menispermum* et dans beaucoup d'autres genres du même groupe deux espèces de cellules dans la moelle adulte : les unes molles et pleines de gaz dans leur vieillesse, les autres isolées ou réunies en petits îlots et sclérifiées.

M. J. Vesque dans son mémoire (1) a présenté des observations anatomiques sur les feuilles de quelques-uns des végétaux qui nous occupent ; nous en parlerons à mesure que nous nous rencontrerons avec le savant histologiste.

Il semble, après ce qu'on vient de lire, qu'il ne reste plus grand chose à dire. Les études signées de grands noms botaniques paraissent avoir épuisé le sujet. Toutes les parties de la question n'ont cependant pas été traitées. Comme on a pu le remarquer, l'attention jusqu'ici avait été attirée seulement sur la tige et sur les anomalies que l'on y rencontre, tandis qu'on laissait de côté la structure des racines.

Les racines des plantes de la famille des Ménispermées n'ont intéressé que les auteurs qui s'occupent de matière médicale, et les études descriptives que l'on a faites de la structure et des anomalies de la racine de Colombo ou de la racine de Pareira brava n'ont jamais été présentées dans un esprit de recherche purement scientifique ; et l'on n'a pas

(1) L'anatomie des Tissus appliquée à la classification des plantes. (Nouv. Arch. du Muséum, 1881).

suffisamment insisté sur la persistance dans la racine de l'anomalie que l'on signale dans la tige de certains de ces végétaux.

———

1. — CARACTÈRES GÉNÉRAUX DE LA FAMILLE DES MÉNISPERMÉES.

La famille des Ménispermées a été établie en 1789 par A. L. de Jussieu dans son Genera plantarum ; elle tire son nom du *Ménispermum*, son genre principal. Elle se range dans la classe des Dicotyledones polypétales thalamiflores.

Les Ménispermées ont des feuilles isolées, simples, alternes, sans stipules, à limbe ordinairement palminervié, entier ou lobé, rarement composé trifoliolé *Burasaia*. Les fleurs sont le plus souvent dioïques par avortement. Elles sont petites, régulières, disposées en épis ou en grappes, rarement solitaires.

Le calice est composé de plusieurs sépales libres, égaux, imbriqués et disposés par séries de 3 ou 4.

Les pétales, plus petits que le calice, ont la même disposition bisériée. Ovales, quelquefois obtus et échancrés, ils sont dans la corolle en même nombre que dans le calice. La corolle fait quelquefois défaut. Les sépales et les pétales sont ordinairement au nombre de 6, c'est le cas le plus général.

Les étamines s'insèrent sur le réceptacle ; elles

sont libres ou monadelphes et oppositipétales. On en compte un nombre égal, double ou triple de celui des pétales ou indéterminé. Elles sont stériles ou nulles dans les fleurs femelles.

Les carpelles sont peu nombreux, ordinairement trois, rarement en nombre déterminé. Ils sont distincts ou soudés, uniloculaires, monospermes et renfermant un seul ovule amphitrope; d'autres fois ils sont uniques mais excentriques, d'abord dressés, puis recourbés de manière à rapprocher la base du sommet. Les carpelles sont rudimentaires ou nuls dans la fleur mâle.

Le fruit des Ménispermées est une baie ou une drupe, droit ou réniforme, dont la cicatrice stylaire se rapproche plus ou moins de la base. Ce fruit renferme une graine inverse quelquefois droite, le plus souvent courbée en fer à cheval, ou même enroulée en spirale.

La graine contient un embryon de même forme que le fruit, à cotylédons ordinairement appliqués, parfois divergents, avec un albumen charnu, peu développé, lisse ou ruminé, quelquefois nul.

En résumé les caractères constants de cette famille sont :

La disposition alterne des feuilles;

La diclinie des fleurs ;

L'indépendance des carpelles et la direction des ovules, toujours descendants avec le micropyle toujours dirigé en haut et en dehors.

Les autres caractères, tels que le nombre ternaire

des pièces qui forment les verticilles floraux et la multiplication de ces derniers, les feuilles simples, l'indépendance des pièces du périanthe, et la présence de deux cotylédons dans l'embryon, font rarement défaut.

Les Ménispermées habitent principalement l'Asie et l'Amérique tropicales. On en rencontre peu dans l'Amérique Septentrionale, l'Asie Occidentale, l'Afrique Australe et l'Australie Extratropicale. L'Europe n'en possède aucune.

Cette famille comprend des herbes vivaces, comme certains *Cissampelos*, plus ordinairement des plantes ligneuses souvent volubiles à droite, (*Stephania*, etc.), rarement des arbres, (*Cocculus laurifolius*.)

On divise généralement les Ménispermées en quatré tribus.

1° *Les Cocculées*, chez lesquelles les cotylédons sont appliqués et l'albumen abondant : *Cocculus, Menispermum, Abuta, Sarcopetalum, Spirospermum*;

2° *Les Pachygonées* chez lesquelles les cotylédons sont appliqués comme chez les Cocculées, mais qui n'ont pas d'albumen : *Pachygone, Chondodendron, Sychnosepalum, Triclisia*;

3° *Les Chasmanthérées*, qui ont les cotylédons divergents : *Chasmanthera, Tinospora, Anamirta*;

4° *Les Cissampélidées* qui n'ont qu'un seul carpelle: *Cissampelos, Stephania, Cyclea*.

II. ÉTUDE ANATOMIQUE DES MÉNISPERMÉES

Comme nous l'avons vu plus haut, la majeure
partie de ces végétaux ont des tiges sarmenteuses,
grimpantes et volubiles. En un mot, ce sont des
lianes souvent gigantesques qui donnent aux forêts
des régions intertropicales un cachet si particulier :
« Les lianes (1), ces végétaux si bizarres, parfois
« si gracieux, qui ajoutent tant au caractère de la
« végétation des pays équatoriaux, se montrent près
« de Rio, sous leurs formes les plus variées; le
« nombre en est quelquefois si considérable que le
« passage à travers les bois en devient presque im-
« possible. Leurs tiges sont en général tout à fait
« nues, et ne peuvent mieux se comparer qu'à des
« cordages suspendus des arbres auxquels elles se
« sont appuyées; souvent elles se réunissent en
« faisceau pour se supporter mutuellement, et,
« s'entrelaçant de mille manières, s'élancent jus-
« qu'aux cimes les plus élevées pour développer
« leurs rameaux florifères; fréquemment aussi les

(1). H. A. Weddell. Additions à la flore de l'Amérique du
Sud (Annales des Sciences natur., série 3, tome XIII, 1849).

« voit-on étouffer, dans leur étreinte dangereuse,
« l'arbre qui leur a prêté son appui. »

Les tiges de ces lianes présentent une anomalie
telle qu'il n'a pas été besoin de recourir au micros-
cope pour s'apercevoir de la différence qui existe
entre la structure de ces végétaux et celle des autres
arbres ou arbustes Dicotylédones.

On observe d'abord que certaines tiges grimpantes au lieu d'avoir, comme dans le cas général,
un développement uniformément circulaire, s'ac-
croissent seulement d'un seul côté. En dehors du
premier cercle de faisceaux libéro-ligneux, il se forme
un deuxième cercle, auquel viennent se superposer
successivement un troisième, puis un quatrième
cercle, et ainsi de suite. Il arrive que l'accroissement des derniers cercles de faisceaux ne se produit pas sur toute la circonférence de la branche,
mais seulement d'un seul côté. De là l'apparence
rubanée de certaines tiges âgées, dont la moelle est
excentrique ou même très rapprochée des bords,
parce que l'accroissement unilatéral des zones ligneuses, réduites à des croissants sur une coupe
transversale, a rejeté de côté la majeure partie du
corps ligneux.

L'irrégularité n'est pas toujours aussi saillante que
dans le *Menispermum* de Cayenne figuré dans tous
les traités de botanique. Nous n'avons pas cru
cependant devoir reproduire cette figure classique
en quelque sorte, bien qu'elle fasse saisir le caractère de l'anomalie, et qu'elle fasse comprendre

jusqu'à quel point le canal médullaire et la première assise de faisceaux peuvent être rejetés hors du plan de symétrie.

La racine de Pareira brava présente une irrégularité de même nature, moins accentuée cependant, car la moelle est simplement excentrique. Nous observerons d'ailleurs la même anomalie dans le *Cocculus laurifolius*, bien qu'il ne soit pas volubile. Ce fait est capital, parce qu'il nous permet d'affirmer dès maintenant que les anomalies que l'on observe dans la famille des Ménispermées ne sont nullement en rapport avec la qualité de lianes, et que si l'on rencontre des anomalies de même nature dans quelques autres familles, chez des lianes comme les *Bauhinia*, le *Wistaria sinensis*, etc., elles n'en restent pas moins une des caractéristiques de la famille qui nous occupe.

D'autres caractères, et notamment ceux qui sont tirés de la nature du péricycle, permettent de distinguer très nettement ces végétaux au point de vue anatomique. Du reste, l'étude détaillée que nous allons faire d'un certain nombre d'espèces appartenant à chacune des tribus de la famille, nous permettra de mieux préciser la valeur de ces caractères.

§ 1. — Tribu des Cocculées.

Cocculus laurifolius. (Pl. I, fig. 1-8).

Prenons comme type de cette tribu le *Cocculus laurifolius.* Une coupe transversale faite dans une tige d'une année environ, montre un épiderme à cellules sensiblement égales dans toutes les dimensions. Cet épiderme est soutenu tantôt par un rang, tantôt par deux rangs de cellules plus longues dans le sens tangentiel que celles de l'épiderme ; cette sorte d'hypoderme est sans chlorophylle et toujours rectangulaire.

Le parenchyme cortical herbacé, peu développé et constitué par cinq ou six rangées de cellules ovales ou rondes avec de petits méats intercellulaires se termine par un endoderme à petites cellules gorgées d'amidon.

Le péricycle, qui au début du développement formait une couche circulaire continue, et parenchymateuse s'épaissit plus en face des faisceaux que dans la portion située vis-à-vis des rayons médullaires. Les arcs épaissis, qui circonviennent chaque faisceau et que relie un tissu mou non chlorophyllien, sont formés de fibres polyédriques allongées et ne se terminant pas toujours par des pointes. Le péricycle n'est pas entièrement fibreux ; dans la concavité des arcs péricycliques, on observe que le tissu est resté parenchymateux, les cellules sont polyédriques et à parois minces : nous sommes en présence d'un tissu nouvellement signalé qu'il importe de bien caractériser.

M. L. Morot (1), dans son intéressant travail sur le péricycle, a signalé la présence d'un tissu particulier entre les arcs scléreux et le liber. « Les massifs de fibres, dit-il, peuvent être en contact immédiat avec le liber, ou au contraire en être séparés par une couche plus ou moins épaisse de parenchyme. » Et il indique que « dans le *Menispermum canadense*, entre l'arc fibreux et le faisceau libérien, dont les éléments externes écrasés marquent la limite, se voient une ou deux rangées de cellules parenchymateuses. Dans les *Cocculus* la concavité du croissant est remplie par de larges cellules à parois minces. »

M. Morot donne de plus le dessin de ce péricycle parenchymateux dans le *Cocculus carolinus*.

Son affirmation est précise, et nous avons tenu à l'appuyer de quelques preuves, car pour un observateur superficiel ce parenchyme péricyclique pourrait être pris pour du liber. Mais il est impossible de le confondre avec ce dernier tissu dont la caractéristique constante est la présence de tubes criblés. Ces tubes criblés font défaut dans le péricycle paren-

(1) L. Morot. Recherches sur le péricycle ou couche périphérique du cylindre central chez les Phanérogames. 1885.

chymateux. De plus, les liquides, qui comme le picrocarminate d'ammoniaque colorent le liber, restent sans action sur le tissu en question.

Ce tissu est d'autant plus intéressant qu'il est comme une des caractéristiques de la famille des Ménispermées, et que nous le retrouverons dans tous les végétaux de cette famille.

Rien à signaler sur la structure du liber dont les dernières assises viennent s'appuyer contre le péricycle parenchymateux ni sur le bois composé de tissu fibreux et de vaisseaux ponctués. Dans le bois de deuxième année, il y a prédominance des éléments fibreux. Le bois primaire comprend des trachées à spires doubles ou simples ; les trachées sont le plus souvent disposées par 3 (Decaisne). Epaississement annuel comme partout.

La moelle forme vis-à-vis chaque faisceau une sorte d'arc dont la concavité est dirigée en sens inverse de celle des arcs péricycliques ; cette gaine protectrice est formée de cellules épaisses, ponctuées, polyédriques et ordinairement remplies d'un liquide jaune. La moelle centrale renferme une quantité assez considérable d'amidon dans la partie la plus externe et ne présente rien de particulier.

Les faisceaux libéro-ligneux sont séparés les uns des autres par des rayons médullaires formés de cellules aplaties et amylifères, et ce tissu interfasciculaire reste toujours à l'état de parenchyme. Cette particularité permet aux faisceaux de demeurer indéfiniment séparés, comme dans les Renonculacées et les Berbéridées. C'est un fait assez rare chez les Dicotylédones, bien que cette structure, qui n'a rien d'anormal, constitue le type normal idéal de la tige de ces végétaux.

L'organisation dont nous venons d'esquisser l'ensemble est constante. Il arrive quelquefois que les arcs péricycliques qui n'ont pas tous la même importance, suivant la puissance des faisceaux qu'ils protègent, n'atteignent pas tous le même niveau : cela dépend du degré de vitalité du faisceau. Cette observation qui n'est pas sans importance va trouver sa justification dans l'étude d'une tige plus âgée et des anomalies qu'on y rencontre.

Dans un végétal de 3 ans, le système libéroligneux s'est développé dans toutes ses dimensions ; il s'est produit comme d'ordinaire une élongation radiale, et un élargissement latéral. Les arcs péricycliques fibreux, qui ne sont plus doués de vitalité, restent stationnaires, et se trouvant éloignés les uns des autres, laissent entre chacun d'eux un intervalle que vient remplir la sclérification de l'extrémité du rayon médullaire. Ce sont de grandes cellules polyédriques, ponctuées, canaliculées, et amylifères qui complètent la zone protectrice du cylindre central.

Passons maintenant à l'apparition des formations anormales. Dans un travail récemment publié, M. J. Hérail (1) indique la genèse des formations

(1) J. Hérail. Recherches sur l'anatomie comparée de la tige des Dicotylédones. (Ann. des Sc. nat. Bot. 7ᵉ série, t. II, 1886.)

anormales chez les Ménispermées. Nous citons le passage en entier :

« Pour la plupart des auteurs, il se produirait un méristème aux dépens de l'endoderme ; ce méristème se différencierait en écorce secondaire dans laquelle naîtrait un cambium engendrant les faisceaux corticaux. Les choses m'ont paru se passer tout autrement, car le méristème ne se forme pas en même temps sur tout le pourtour de la tige, mais en des points souvent assez éloignés l'un de l'autre ; et, de plus, ces portions du méristème se différencient immédiatement en faisceaux libéro-ligneux et en rayons médullaires. J'ai donc tout lieu de croire qu'il n'y a pas formation d'écorce secondaire, et que les faisceaux anormaux sont produits directement par un méristème prenant naissance dans l'écorce primaire.

« Quoi qu'il en soit, voyons comment se produit le cambium qui doit donner naissance aux faisceaux libéro-ligneux de deuxième formation. On remarque que certains faisceaux libéro-ligneux continuent à croître, tandis que d'autres s'arrêtent dans leur développement ; le cambium situé entre le bois et le liber des premiers faisceaux se trouve, par suite de ce développement, porté au-dessus de l'arc de péricycle de l'un ou des deux faisceaux voisins. A ce moment, le tissu cortical situé sur les côtés mêmes de ce cambium, se divise par des cloisons tangentielles ; des îlots isolés et plus ou moins volumineux de méristème commencent à se former ainsi. En même temps, dans chacun de ces amas de tissu générateur, on observe un commencement de formation de faisceau libéro-ligneux.

« Les diverses portions de cambium, ainsi constituées en divers points de la tige, ne tardent pas à se fusionner pour former une couche génératrice circulaire complète qui produit un second cercle de faisceaux libéro-ligneux. Ceux-ci sont comme les faisceaux de première formation, composés de bois et de liber mou à l'extérieur. L'arc fibreux du péricycle faisant ici défaut, les anciens botanistes, qui caractérisaient le liber par la présence de fibres, avaient cru pouvoir dire que le liber n'existait pas dans cette formation. C'est une erreur. »

Comme on le voit, M. Hérail prétend qu'il n'y a pas formation d'écorce secondaire ; mais comme le méristème s'appuie immédiatement sur le péricycle, je suis assez disposé à attribuer l'origine même du premier méristème à l'endoderme.

Au moment de l'apparition des faisceaux secondaires dans la tige, l'épiderme dont la cuticule s'est épaissie subsiste toujours. Le suber n'apparaîtra que plus tard. Jusqu'à ce moment, la tige est restée sensiblement cylindrique et l'axe de symétrie n'est pas encore notablement déplacé. De plus, comme le méristème qui va donner naissance aux formations ultérieures apparaît successivement en des points souvent éloignés les uns des autres, il arrive que les faisceaux ne sont pas à l'origine tous de la même grandeur. Cette différence de dimension disparaît plus tard, et on constate que dans les diverses couches les faisceaux libéro-ligneux sont assez sensiblement égaux.

En ce qui concerne la feuille, le pétiole du *Cocculus laurifolius* (Pl. I, fig. 6), présente sur une coupe transversale deux renflements qui correspondent à la partie supérieure du limbe.

Ces renflements, qui produisent entre eux une sorte de gouttière, sont soutenus par du tissu collenchymateux, qui protège du reste circulairement le parenchyme cortical.

Les faisceaux libéro-ligneux, en nombre impair, ordinairement sept, sont groupés en un cercle complet, bordé par un endoderme circulaire et non interrompu, disposition assez rare dans les pétioles. Comme dans la tige, nous retrouvons les arcs de péricycle fibreux non reliés entre eux, et le péricycle parenchymateux dont le développement est presque égal au développement du précédent. Même structure pour le bois et le liber que dans les tiges jeunes. La moelle est uniformément épaissie, sans sclérose particulière.

Le limbe est formé d'un parenchyme en palissade (p. pal.), dont les éléments sont assez courts et sur deux files. M. Vesque a observé trois assises de cellules palissadées qui occupent plus de la moitié de l'épaisseur totale du mésophylle. Au dessous de cette assise s'étend un parenchyme lacuneux normal (p. lac.), qui renferme de petits cristaux en fines aiguilles, assez semblables à de véritables raphides.

Les nervures (Pl. 1, fig. 7 flb.) sont complètement

entourées par le péricycle fibreux qui leur constitue
une sorte de gaîne que renforce encore un hypoderme épaissi, à un seul rang de cellules sous-épi-
dermiques.

Les deux épidermes sont recti-curvilignes.
Quelques cellules sont souvent pourvues d'un épaississement secondaire indépendant très nettement
remarquable. L'épiderme inférieur seul renferme
des stomates. D'après M. Vesque, ces stomates
semblent se développer de la même manière que
dans les Magnoliacées et les Anonacées, c'est-à-dire
qu'ils ont quatre cellules de bordure : les cellules
latérales, parallèles à l'ostiole, sont encore facilement
reconnaissables sur la feuille adulte (Pl. I, fig. 8).

Si nous passons à l'étude de la racine du *Cocculus
laurifolius* pendant la période primaire (Pl. I,
fig. 1), nous trouverons, comme dans le cas général,
une zone corticale limitée extérieurement par une
assise pilifère, et séparée intérieurement du cylindre
central par un endoderme nettement accentué par le
plissement latéral des cellules. Contre cet endoderme s'appuie un péricycle ou couche périphérique du cylindre central, composé d'une seule
assise de cellules minces, aplaties et alternant avec
les cellules de l'endoderme. Le cylindre central
comprend trois massifs libériens disposés entre
trois faisceaux ligneux. Cette structure, dans ses
détails, aussi bien que dans son ensemble, est,
comme on le voit, absolument identique à celle
des racines des autres végétaux.

Si nous examinons maintenant l'organisation de cette même racine, après l'évolution qui a placé les éléments libéro-ligneux dans le rapport constituant l'âge secondaire, nous trouverons un liber superposé au bois dont le sépare la zone cambiale. A l'extérieur de la racine s'est développé un suber de structure normale. Le parenchyme cortical s'est légèrement épaissi à la périphérie, et on voit apparaître une sorte de cercle scléreux, interrompu de place en place et dont les éléments constitutifs sont des cellules ovales, épaisses et ponctuées. A l'intérieur de ce cercle, en dedans de l'endoderme et du péricycle, se trouvent les trois faisceaux libéro-ligneux secondaires, qui ont pris un développement assez considérable, bien que le liber reste peu important. Composés de fibres et de vaisseaux ponctués, en ce qui concerne la partie ligneuse, ces faisceaux s'épanouissent en éventail, dont la pointe centrale plonge dans une moelle épaissie, formée de petites cellules polyédriques.

Ces trois faisceaux libéro-ligneux sont isolés par de larges rayons médullaires en forme de secteur. Les cellules ponctuées, minces et gorgées d'amidon, qui composent les rayons médullaires sont symétriquement disposées dans le sens radial, et les jeunes cellules de ce tissu s'appuient à la périphérie contre les cellules scléreuses de la couche corticale. Les faisceaux montrent déjà une tendance à se dédoubler, et la formation de rayons médullaires secondaires va en tripler le nombre. Quant à l'endoderme, il n'est plus possible de le différencier.

Ainsi pendant les deux premières années, dans la racine, comme dans la tige, aucune anomalie ne s'est produite. La troisième année, l'accroissement général de la racine n'a influé sur les faisceaux libéro-ligneux que dans le sens radial, c'est-à-dire que ces faisceaux, maintenant au nombre de neuf par dédoublement, ne se sont développés qu'en longueur (Pl. I, fig. 2). Isolés par de larges rayons médullaires de même structure que précédemment, ils forment comme les rayons d'une roue dont la moelle centrale serait le moyeu. Le liber est proportionnellement plus développé et s'appuie extérieurement contre la zone scléreuse, et nous n'avons pas ici, comme dans la tige, de péricycle parenchymateux.

La quatrième année, l'irrégularité apparaît dans la racine. L'accroissement de tous les faisceaux ne s'est pas fait symétriquement. La vitalité paraît avoir diminué d'un côté du cylindre central ; les faisceaux y sont restés stationnaires, tandis que du côté opposé le développement des faisceaux rejetait vers l'extérieur la zone scléreuse.

Ce développement unilatéral n'empêche pas le canal médullaire d'occuper toujours le centre de la racine, car du côté des faisceaux stationnaires et au delà de la zone scléreuse qui les limitait, s'est formé un méristème d'origine certainement corticale. Ce méristème a engendré des formations libéro-ligneuses (Pl. I, fig. 2). De place en place, il s'est

différencié en liber et en bois : un vaisseau est
apparu, autour duquel se sont groupés quelques
fibres. Le liber s'appuie contre une nouvelle zone
scléreuse continue qui s'est formée sous le suber.
Là, comme dans la tige, il n'y a pas d'écorce secondaire.

On peut appliquer à la formation de ce méristème
la même explication que M. Hérail donne pour
l'origine des formations libéro-ligneuses anormales
dans la tige. Pourquoi ne pas admettre dans le cas
présent l'influence que possède le cambium des
faisceaux sur les tissus voisins? Cette influence qui
produit un cloisonnement des tissus, se fait sentir
ici à de plus grandes distances que dans la tige;
mais il n'y a pas lieu d'en être surpris, car nous
voyons dans la même coupe un cambium interfasciculaire, produire de nouveaux faisceaux à une
distance des éléments générateurs, pour le moins
aussi considérable.

Nous ne prétendons pas que cette explication
réponde à tous les cas ; car nous observerons dans
la racine de Pareira brava, par exemple, que le
cylindre central reste complètement fermé, et que
c'est en dehors de son influence que les formations
anormales se sont développées.

Cocculus carolinus (D. C.)

L'étude que nous venons de faire du *Cocculus laurifolius*, tout en nous permettant de nous faire une idée de la structure générale d'une Ménispermée, aura de plus l'avantage de nous éviter de répéter la description, peu intéressante à la longue, des caractères communs à ces végétaux. Il nous suffira d'insister sur les caractères particuliers que nous avons été à même de remarquer.

La tige du *Cocculus carolinus*, a servi d'exemple à M. Morot (1) pour représenter le péricycle parenchymateux qui y est, en effet, très développé. Le péricycle scléreux se présente en un anneau ondulé dont les concavités contiennent des arcs de péricycle parenchymateux. Les faisceaux libéro-ligneux de forme obovale, bien que restant isolés, forment un cercle complètement lignifié, parce qu'ils sont reliés par la sclérose du tissu des rayons médullaires, sclérose qui ne rejoint jamais la zone péricyclique, car à la hauteur du cambium des faisceaux le rayon médullaire reste mou ; la moelle en se développant forme vis-à-vis du bois primaire de chaque faisceau, des arcs épaissis que nous avons déjà signalés dans le *Cocculus laurifolius* et dont nous aurons souvent à constater la présence.

(1) *Loc. cit.*

Le pétiole montre la même disposition que la tige ; les faisceaux n'ont pas d'endoderme particulier et sont cerclés par un péricycle et un endoderme général, dont les sinuosités suivent le contour extérieur des faisceaux.

La feuille du *Cocculus carolinus* offre, à peu de chose près, la même structure que celle du *Cocculus laurifolius*, un rang de cellules en palissade, surplombant un parenchyme lacuneux ; l'épiderme inférieur possède des poils bi-cellulaires, plus spécialement localisés le long des nervures ; la cellule basilaire de ces poils est très courte et forme tout le corps du poil. Les stomates disposés entre cinq cellules ne présentent rien de remarquable : les deux épidermes sont ondulés. Dans la nervure médiane on ne trouve qu'un seul faisceau auquel manquent les fibres, éléments mécaniques.

La racine, qui a deux formations primaires, ne nous a pas révélé d'anomalie. Les faisceaux secondaires au nombre de douze ou quinze rayonnent autour d'un canal médullaire sclérifié de bonne heure ; cette sclérose s'étend à la partie des rayons médullaires la plus rapprochée du centre. Le liber est plongé dans un tissu dont les cellules se cloisonnent activement et contiennent du tannin vert. Ce tissu est limité par deux zones de cellules scléreuses renfermant des cristaux prismatiques très abondants d'oxalate de chaux. La zone la plus externe de ces cellules à cristaux ne se développe que dans un âge avancé ; elle n'est pas continue, et les paquets scléreux qui la constituent ne se trouvent que de place en place sous le suber de médiocre importance.

Menispermum canadense.

La figure que nous donnons (pl. I, fig. 12) de la coupe transversale d'un faisceau du *Menispermum canadense*, nous évitera d'entrer dans plus de détails; nous noterons cependant, avec Decaisne, MM. Baillon et Morot, la disposition symétrique du sclérenchyme aux deux pôles des faisceaux ligneux. De même que les croissants scléreux périphériques, les croissants scléreux médullaires se réunissent par leurs extrémités : cette zone se différencie très nettement du reste de la moelle dont les cellules sont minces, polyédriques et pleines d'air.

Le bois primaire est relativement assez long à se lignifier. Quant au bois secondaire, composé d'éléments ponctués, fibres, vaisseaux et parenchyme, il se développe notablement avec l'âge, tandis que le liber reste toujours peu important. Les arcs sclérenchymateux qui protégeaient extérieurement ce liber n'ont pas suivi le développement de la tige, et le cercle ondulé qu'ils présentaient au début de la croissance se trouve brisé, de telle sorte que la communication entre le parenchyme cortical et la moelle n'est pas interrompue.

Le rhizome du *Menispermum canadense* offre la même structure que la tige. Sous le suber, le parenchyme cortical se cloisonne activement. Les arcs de péricycle fibreux sont moins développés que dans la tige. La moelle, qui prend une grande importance occupe les deux tiers du rhizome : ses cellules sont pleines d'air, et la zone scléreuse qui, dans la tige aérienne, enclavait la moelle et soudait par leurs extrémités les faisceaux libéro-ligneux, fait ici complètement défaut, ou ne se manifeste plus que par la présence de cellules plus petites que les autres. Il y a donc réduction des éléments mécaniques, réduction due à l'influence du milieu, ainsi qu'il résulte des recherches de M. Costantin (1).

Les radicelles que l'on rencontre sur ce rhizome ne présentent rien qui mérite d'être particulièrement signalé ; les plus jeunes montrent deux formations primaires : deux arcs libériens embrassant latéralement deux faisceaux ligneux soudés par leur extrémité centrale.

La feuille du *Menispermum canadense* n'offre que peu de différence avec la feuille du *Cocculus laurifolius*. L'épiderme supérieur est rectiligne, l'épiderme inférieur ondulé ; la face externe des cellules de l'épiderme inférieur est bombée. Chaque cellule forme une bosse saillante qui vue d'en haut

(1) Etude comparée des tiges aériennes et souterraines dans les Dicotylédones. (Ann. des Sc. nat. Bot., 6ᵉ série, T. 16, 1883).

se présente sous la forme d'un cercle à double contour. Ces épidermes présentent l'épaississement secondaire signalé dans le *Cocculus laurifolius*. Les cellules latérales des stomates se confondent assez aisément avec les cellules de l'épiderme qui les entoure. La nervure médaine n'offre qu'un seul faisceau dépourvu d'éléments mécaniques. Dans le parenchyme de cette nervure, on remarque une grande quantité de petits cristaux aciculaires, en même temps que de pétites lamelles s'amincissant aux extrémités (Vesque).

Rien de particulier à signaler pour la structure du pétiole.

Cocculus toxiferus

Avant d'abandonner le genre *Cocculus*, il convient de parler du *Cocculus toxiferus*, dont on n'a pu encore examiner les fleurs, ce qui rend difficile d'en indiquer exactement le genre. M. le professeur G. Planchon a eu, dans son beau travail sur le Curare de la Haute-Amazone, l'occasion de parler de cette plante rapportée par Weddell. A l'exemple du savant professeur, comme nous manquons de moyens précis pour déterminer la place de ce *Cocculus*, nous laisserons ce végétal dans les Cocculées. Citons d'abord le passage dans lequel M. Planchon décrit une coupe de la tige :

« L'étude anatomique des jeunes rameaux nous

a montré, autour d'une masse centrale de tissu cellulaire qui constitue la moelle, un certain nombre de faisceaux rayonnants, très nettement délimités, à fibres ligneuses ponctuées, serrées les unes contre les autres, et entourant un certain nombre de gros vaisseaux également ponctués. Ces faisceaux sont séparés les uns des autres par de larges rayons médullaires, formés de 7 à 10 rangées de cellules et se terminant vers la partie extérieure par un tissu cellulaire en partie détruit, qui appartient probablement à la zone cambiale. Vis-à-vis les faisceaux ligneux se trouve une masse très délimitée de fibres libériennes serrées les unes contre les autres. Vis-à-vis les rayons médullaires, l'intervalle des faisceaux libériens est occupé par une masse assez compacte de cellules pierreuses, à parois très épaisses. Ces cellules pierreuses se trouvent disséminées dans le tissu cellulaire, qui entoure cette zone interne, et le tout se termine extérieurement par un tissu subéreux formé de plusieurs rangées de cellules tabulaires, devenant brunâtres dans les couches superficielles. »

Nous complèterons cette citation par quelques détails fournis par une observation plus particulièrement botanique (Pl. I. fig. 14).

L'épiderme montre des traces de poils, probablement pluricellulaires unisériés. Le parenchyme cortical renferme de loin en loin, quelques cellules arrondies dont les parois se sont épaissies. Au dessous de l'endoderme, qui se différencie bien du

parenchyme cortical par l'absence de chlorophylle,
s'étendent les fibres dites autrefois libériennes, et
dont les arcs renferment dans leur concavité quelques rangées de cellules du péricycle parenchymateux. La moelle se sclérifie vis-à-vis du bois primaire de chaque faisceau et contient un petit nombre de vaisseaux laticifères non anastomosés, rem-
plis d'une matière granuleuse jaune rougeâtre. Le
mauvais état de l'échantillon de la tige dont nous
disposions ne nous a pas permis de voir si le liber
contenait des laticifères comme la teinte jaunâtre
de ses débris paraissait l'indiquer.

L'organisation de la racine se rapporte à celle du
Cocculus laurifolius. Les formations secondaires,
qui se groupent autour d'une moelle s'épaississant
légèrement, seront quadruplées par la formation de
rayons médullaires secondaires. Les faisceaux ainsi
formés resteront isolés. La zone scléreuse qui limite
le parenchyme cortical, d'abord interrompue, se
continue circulairement avec l'âge. L'exiguité de
l'échantillon, provenant de l'herbier du Muséum, ne
nous a pas permis de pousser plus loin cette étude.
Quoi qu'il en soit, et bien qu'étudiée à cette place,
la plante désignée sous le nom de *Cocculus toxiferus*, nous paraît appartenir à un autre genre, et
devoir être placée dans la tribu des Chasmanthérées, ou mieux encore dans celle des Cissampélidées.
La présence des laticifères dans la tige nous paraît
devoir motiver et justifier ce changement.

Abuta rufescens.

Nous sommes obligés de passer sous silence les *Sarcopetalum*, les *Spirospermum*, les *Tiliacora* et les *Anomospermum;* mais nous avons eu la bonne fortune de pouvoir étudier une jeune tige d'*Abuta rufescens* provenant de l'herbier de la Faculté des Sciences de Montpellier et que nous devons à l'extrême obligeance de M. le professeur Flahault. Nous avons pu de cette façon compléter nos observations sur ce végétal, dont la racine serait, d'après Aublet, la drogue connue sous le nom de Pareira brava blanc.

La tige jeune de cette liane des forêts de la Guyane, dont l'épiderme est protégé par un épais feutrage de poils unicellulaires, terminés en pointe, présente une sclérification locale de quelques cellules du parenchyme cortical, qui, lui-même, est peu développé. Le péricycle fibreux et le péricycle parenchymateux enserrent sans interruption une douzaine de faisceaux libéro-ligneux, dont le liber est presque détruit et coloré en brun, et dont le bois est constitué par des fibres ponctuées et des vaisseaux rayés et ponctués. Les trachées du bois primaire sont à une spire. La moelle polyédrique avec méats est remarquable par les petites cellules épaissies, situées vis-à-vis de chaque faisceau, et par la présence dans toute son étendue de petits paquets de deux à quatre cellules scléreuses jaunes et à parois très réfringentes.

Etudions maintenant les modifications que l'âge fait subir à l'*Abuta rufescens*; nous en décrirons la tige et la racine, à cause de leur importance pharmaceutique et de l'intérêt qu'elles présentent au point de vue des anomalies si caractéristiques.

La tige âgée de l'*Abuta rufescens*, présente un suber brunâtre sous-épidermique qui n'offre rien à signaler. Le parenchyme cortical renferme des cellules minces légèrement aplaties, en même temps que des cellules scléreuses, soit isolées, soit en amas assez irrégulièrement disposées de 4, 5, 10, 12 cellules. Nous rencontrons ensuite une assise de plusieurs rangs de cellules formant une zone circulaire continue qui protège un parenchyme cortical, dont les cellules sont plus régulièrement disposées en files que dans le parenchyme cortical précédemment observé. C'est un méristème en voie de formation, limité vers l'intérieur de la tige par une ligne de cellules scléreuses à parois très épaisses. Cette zone scléreuse est sinueuse, car elle suit les dessins des faisceaux libéro-ligneux sous-jacents, et envoie des prolongements entre chaque faisceau dans les rayons médullaires. Cette zone occupe une place analogue à celle du péricycle dans les formations primaires : son rôle physiologique mécanique paraît évidemment être de protéger les faisceaux libéro-ligneux, et surtout le liber, contre la poussée des agents extérieurs.

Nous rencontrons ensuite deux rangs de faisceaux libéro-ligneux secondaires, séparés par d'assez larges rayons médullaires, ou mieux de tissu conjonctif cortical. Ces deux rangs de faisceaux ont la même organisation : liber peu développé et comprimé, bois renfermant de larges vaisseaux et des fibres épaissies.

Il n'y a pas d'alternance marquée entre les faisceaux les plus externes et les faisceaux les plus internes. Les formations primaires présentent les mêmes caractères que nous avons déjà signalés. Les arcs péricycliques fibreux n'ont pas suivi le développement des faisceaux et sont restés plus petits que la grandeur totale de chaque faisceau. Pour combler la lacune qui se produit entre eux et pour compléter la zone scléreuse et protectrice, le parenchyme s'est épaissi. En sorte que l'on observe alternativement un paquet de sclérenchyme et un paquet fibreux.

La moelle, vis à-vis chaque faisceau, organise, comme nous l'avons vu plus haut, une sorte de petit promontoire dirigé vers le centre et composé de cellules polyédriques plus petites et plus épaisses que les cellules du centre qui sont sensiblement rondes. Dans l'épaisseur même de la moelle centrale on remarque des cellules scléreuses isolées ou par paquets de deux ou de trois.

L'*Abuta amara*, qui, d'après Aublet, fournit le Pareira brava jaune, présente la même structure. La moelle centrale renferme un plus grand nombre de paquets scléreux formés de trois à cinq cellules et quelques cellules scléreuses isolées.

La racine de l'*Abuta rufescens* montre la même structure que la tige pour les séries successives de formations anormales. Dans les formations du premier cercle de faisceaux, les arcs du péricycle fibreux sont remplacés par une zone scléreuse. Les formations primaires de la racine ne sont pas apparentes et se confondent avec la moelle épaissie dans sa total

§ 2. Tribu des Chasmanthérées.

Les Chasmanthérées constituent la tribu de la famille des Ménispermées, dont l'étude est la plus intéressante au point de vue pharmaceutique. La Coque du Levant, fruit de l'*Anamirta Cocculus*, la racine de Colombo qui est fournie par le *Chasmanthera palmata*, la tige et la racine de Gulancha, nom hindoustani du *Tinospora cordifolia*, substances employées par la matière médicale, méritent de fixer notre attention. Car la connaissance des caractères histologiques de ces produits peut être d'un grand secours au praticien, et de plus présente par elle-même un intérêt au point de vue botanique, comme on pourra en juger par les quelques végétaux dont nous présentons des dessins, et qui jusqu'à ce jour n'avaient été l'objet d'aucune étude (*Burasaia madagascariensis, Clypea Burnani*).

Anamirta Cocculus. (Pl. I, fig. 9-11.)

Nous avons pu étudier la tige et la feuille de cette plante sur le pied que renferment les serres du Muséum : nous la prenons comme type de la tribu.

La tige de l'*Anamirta Cocculus* (Wight et Arnott) (*Ménispermum Cocculus,* L.) est ronde et glabre. L'épiderme est soutenu par un hypoderme formé par l'assise la plus externe des cellules du parenchyme cortical. Ce parenchyme à cellules rondes est peu développé et présente une ligne de cellules épaisses en face de chaque arc de péricycle, ligne qui a l'air de doubler ce péricycle. L'endoderme est distinctement amylifère ; les arcs du péricycle fibreux sont isolés et le cercle qu'ils forment est complété par les cellules scléreuses appartenant à l'extrémité du rayon médullaire, lequel ne se sclérifie pas à la hauteur du cambium des faisceaux.

Ces faisceaux plus larges que longs, renferment un liber nettement en files, qui s'appuie contre le péricycle parenchymateux peu développé. Le bois secondaire montre quelques gros vaisseaux ponctués et des fibres striées analogues à celles que l'on observe dans le *Vinca major*.

La moelle forme un cercle épaissi de cellules amylifères autour du bois primaire, et cette zone

occupe sur la coupe transversale à peu près autant
de place que le faisceau libéro-ligneux tout entier.
Au centre, les cellules de la moelle sont grandes et
pleines d'air. Dans l'endoderme et dans la partie
externe de la moelle, on trouve des canaux laticifères pleins d'une matière granuleuse jaunâtre;
ces canaux signalés par M. Baillon ne s'anasto-
mosent pas.

Le pétiole présente une organisation analogue
à celle de la tige; les faisceaux assez nombreux et
en nombre impair sont plus isolés que dans la tige
et sont cerclés dans un endoderme général; ils sont
disposés en un arc fermé en haut. L'épiderme du
pétiole renferme de la chlorophylle.

Les faisceaux des nervures dans lesquels on re-
trouve toujours les canaux latifères (Pl. I, fig. 11),
sont entourés à chaque face du limbe par un arc de
péricycle fibreux.

« La nervure médiane de l'*Anamirta Cocculus*,
dit M. Vesque, mérite d'être mentionnée : les faisceaux décroissant au nombre de 7, plus ou moins
confluents sont rangés en un arc très étalé et large-
ment ouvert. Ils sont soutenus en dessous par de
forts massifs fibreux et une bande de fibre qui
s'étend transversalement au-dessous de ces faisceaux, comme dans les Anonacées. Au-dessus de
cette bande, se trouve un gros faisceau médian dans
sa position normale. On trouve enfin un massif
fibreux isolé dans le collenchyme qui soutient la
partie saillante supérieure de la nervure. »

Cette disposition qui ne se rencontre pas dans les autres nervures est très particulière. Il peut arriver même que ce gros faisceau médian se dédouble.

Il est étrange cependant que la présence des laticifères dans l'*Anamirta Cocculus* ait échappé à M. Vesque. Car en coupant la feuille sur le pied, il s'échappe de la blessure un abondant latex blanc qui jaunit à l'air.

Quant au limbe, il est constitué par un parenchyme hétérogène asymétrique (Pl. I, fig. 9) soutenu par de grandes cellules fibreuses à cavité très étroite formant un lacis en tous sens. Cette disposition donne à la feuille une grande force de résistance. Les deux épidermes sont composés de cellules ondulées renfermant chacune plusieurs cristaux clinorhombiques simples ou quelquefois réunis en macles (Pl. I, fig. 10).

La Coque du Levant, fruit de l'*Anamirta Cocculus* a été étudiée dans les traités de matière médicale.

Flückiger et Hanbury donnent dans leur Histoire des drogues la coupe transversale du péricarpe ; nous ferons observer cependant que dans cette figure, l'épicarpe ne se différencie pas du mésocarpe, que le traducteur, le Dr de Lanessan, confond sous la dénomination un peu vague de partie charnue. L'endocarpe, formé de cellules parenchymateuses allongées, s'entrecroisent sans ordre dans tous les sens et se présentent en coupe transversale, tantôt en section horizontale, tantôt dans le sens de la longueur.

Le parenchyme de la graine est rempli d'une substance grasse cristallisée. L'albumen enveloppe une paire de cotylédons larges, divergents, lancéolés et une courte radicule cylindrique. Dans son ensemble, la graine offre la forme d'un fer à cheval.

Burasaia madagascariensis (Pl. II, fig. 13-14).

Nous rapprocherons de cette organisation du pétiole et du limbe, la structure des mêmes organes chez le *Burasaia madagascariensis*, que l'on rapportait autrefois aux Lardizabalées. Les feuilles du *Burasaia* sont composées, trilobées, mais présentent des analogies telles dans la structure du limbe (Pl. II, fig. 14) avec celles de l'*Anamirta*, qu'il semble que ce caractère donne confirmation au rapprochement avec les *Anamirta*. De plus, la présence de latifères non anastomosés dans le parenchyme du pétiole, qui contient en outre de très grandes cellules de soutien, vient corroborer cette opinion. L'épiderme supérieur du limbe se compose de deux rangées de cellules tabulaires de petite dimension et sans chlorophylle, et protège un parenchyme en palissade à deux rangs de cellules. Comme dans l'*Anamirta*, des cellules fibreuses courent d'un épiderme à l'autre et donnent à ce tissu une grande consistance.

Le pétiole du *Burasaia madagascariensis* (Pl. II,

fig. 13), outre les grandes cellules dont nous venons de parler, est encore renforcé par un collenchyme circulaire. Les faisceaux libéro-ligneux forment un cercle ouvert à la partie supérieure du pétiole, mais nous ne pensons pas que cette différence avec le pétiole de l'*Anamirta Cocculus* soit assez importante pour motiver une séparation, combattue en outre par la structure des faisceaux.

Chasmanthera palmata. (Pl. II, fig. 15, 20).

La tige du *Chasmanthera palmata* (Pl. II, fig. 15) comme structure générale se rapporte aux types que nous avons étudiés jusqu'à présent.

L'épiderme, à cellules assez épaisses, se soulève et émet des poils glanduleux. Dans une espèce voisine, le *Chasmanthera strigosa*, l'épiderme est hérissé de poils pluri-cellulaires multisériés se terminant par une pointe solidifiée.

Le parenchyme cortical et l'endoderme présentent des laticifères (Pl. II, fig. 18, éd.). La zone du péricycle fibreux (pr. sc.) est non interrompue. Le liber (l.) est assez développé dans chaque faisceau et du côté du péricycle parenchymateux se termine sensiblement en pointe, disposition qui s'accentue beaucoup dans la racine. La moelle (m.) n'est pas sclérifiée et forme de larges rayons médullaires.

Le limbe ne présente aucune remarque intéressante au point de vue histologique. Le parenchyme est hétérogène asymétrique : un rang de cellules palissadées et un parenchyme lacuneux.

La racine du *Chasmanthera palmata* (Pl. II, fig. 17, 18) a été décrite trop de fois, sous le nom de racine de Colombo, pour que nous en fassions ici la description ; les deux figures que nous en donnons suffisent du reste à faire comprendre la situation réciproque des éléments. Nous insisterons seulement sur la gaine des cellules scléreuses, cercle incomplet, coloré en jaune : ces cellules plus allongées tangentiellement que leurs voisines du parenchyme cortical sont ponctuées et renferment des cristaux.

En dedans de cette gaine des faisceaux, le liber s'avance en pointe effilée et ondule dans un tissu fondamental à grandes cellules.

A chaque prolongement libérien correspond une ligne de vaisseaux rayés, larges, à parois brunâtres, entourés d'un petit nombre de cellules ligneuses et isolés dans un tissu conjonctif à grandes cellules assez régulièrement polygonales et remplies d'un amidon assez volumineux à hile rond (Pl. II, fig. 20).

Au centre on aperçoit les 4 formations primaires de la racine plongées aussi dans un tissu amylifère.

Tinospora cordifolia.

Les propriétés thérapeutiques du *Tinospora cordifolia* Miers (*Cocculus cordifolius* D. C.) connues depuis longtemps des médecins indiens, n'attirèrent l'examen des Européens de l'Inde qu'au commencement du siècle. La tige qui ne présente aucune anomalie (pl. II, fig. 22) est constituée par une moelle peu importante autour de laquelle se groupent une dizaine de faisceaux fibro-vasculaires assez volumineux, isolés; chaque faisceau est formé: 1° d'un liber, limité à l'extérieur par un arc de péricycle à cellules prosenchymateuses canaliculées, à cavité très étroite et par une zone assez étroite de péricycle parenchymateux : les arcs péricycliques ne se joignent pas; 2° D'un bois formé de fibres polygonales et épaisses qui entourent de nombreux vaisseaux très larges. Dans le liber, on rencontre des laticifères. Le parenchyme cortical et les rayons médullaires renferment beaucoup d'amidon.

La coupe d'une jeune tige permet de distinguer cinq faisceaux plus développés que les autres et qui correspondent aux cinq formations primaires de la racine.

Dans une tige plus âgée, l'épiderme est remplacé par un suber, que M. de Lanessan désigne à tort sous le nom de faux suber. L'absence ou la disparition de la couche phellogène n'infirme pas, à notre avis, la qualité de suber, à un tissu qui d'ailleurs présente toute les qualités d'un liège. Les cellules du parenchyme cortical s'allongent un peu tangentiellement, elles restent minces et sont gorgées d'amidon; elles se prolongent jusqu'à la moelle en formant de larges rayons médullaires. Ce tissu

amylifère s'avance même au-dessous des arcs péricycliques et renfermé de nombreuses lacunes dues
à la résorption des parois cellulaires.

Les faisceaux se sont accrus en volume, en nombre et en longueur et enferment une moelle à cellules minces, également gorgées d'amidon.

A part les cinq formations dont nous avons parlé
plus haut et dont la partie amincie s'insinue dans
les rayons médullaires, entre cinq faisceaux assez
larges en forme de coin, la racine du *Tinospora
cordifolia* diffère peu de la tige. Les rayons médullaires sont légèrement sinueux et s'avancent jusqu'au parenchyme cortical où l'on rencontre des
paquets de cellules scléreuses, canaliculées et disposées circulairement autour des faisceaux. Comme
dans la tige, le liber renferme des lacticifères.

Nous avons étudié d'assez grosses tiges, et des
racines assez âgées sans rencontrer la moindre anomalie de structure, tandis que dans la racine du
Cyclea Burmani (1), nous retrouvons un cercle de
faisceaux se développant en dehors des formations
ordinaires. Au delà de la zone scléreuse, dont les
cellules jaunes protègent cinq faisceaux minces et
allongés et un certain nombre d'autres faisceaux
plus petits issus d'un cambium, interfasciculaire,
s'organise une nombreuse série de petits faisceaux,

(1) Cette racine, ainsi qu'un certain nombre d'autres, nous a
été obligeamment fournie par M. Lacroix, préparateur du
cours de matière médicale à l'Ecole supérieure de Pharmacie;
nous lui adressons ici tous nos remerciements.

tous de même taille qui sont séparés du parenchyme cortical par une nouvelle zone scléreuse.
Ce parenchyme peu important renferme de petits
cristaux que l'on rencontre encore dans le tissu
conjonctif et les rayons médullaires.

§ 3. — Tribu des Pachygonées.

Dans cette tribu, nous ne nous occuperons que
du *Chondodendron tomentosum*. Ruiz et Pavon,
dont on emploie en matière médicale la tige et la
racine sous le nom de Pareira brava.

Ce végétal se recommande à l'attention de l'histologiste par la disposition en couches concentriques des faisceaux fibro-vasculaires, et par la persistance de ce caractère dans la racine.

Etudions d'abord la tige dont nous donnons une
vue d'ensemble. (Pl. I. fig. 13.) Il nous paraît
superflu d'entrer dans les détails de la structure de la tige et de la racine de ce végétal (1),
dont M. de Lanessan donne une consciencieuse
description; nous présenterons seulement quelques remarques sur certains caractères anatomiques. Les arcs primordiaux du péricycle fibreux
ne sont plus assez grands pour envelopper dans leur

(1) Flückiger et Hanbury, tome I, page 72.

concavité d'ailleurs restreinte la totalité des faisceaux de formation normale. La zone scléreuse se
complète par l'épaississement des cellules du méristème, ces cellules sont encore vivantes et contiennent de l'amidon. Ce tissu sclérenchymateux se
continue dans le rayon médullaire, de sorte que la
moitié externe de chaque faisceau est encadrée par
de solides assises, nécessaires pour protéger ce
premier cercle contre la poussée des formations
anormales. Le péricycle parenchymateux complète cette première zone et c'est contre lui
que viennent s'écraser les dernières assises libériennes.

La moelle centrale qui, par suite de l'inégal développement des formations concentriques, se trouve
rejetée sur un des côtés de la tige, hors du plan de
symétrie, est composée de deux sortes de cellules,
toutes également amylifères ; les unes molles, ovales,
avec des méats intercellulaires, se sont fortement
sclérifiées par places et présentent de petits
paquets de deux à cinq cellules jaunes à parois très
épaisses canaliculées ; les autres plus petites que les
premières et légèrement épaissies se localisent en
face des faisceaux.

Pour la structure des couches concentriques qui
se sont développées en dehors du cylindre central,
nous renvoyons à ce que nous avons vu dans le
Cocculus laurifolius.

La structure de la racine est sensiblement la
même que celle de la tige. Le canal médullaire est

moins développé et ne renferme que des cellules molles de la même forme. Il y a deux formations primaires, et les arcs du péricycle fibreux sont remplacés par une zone sclérenchymateuse continue.

Nous avons observé cinq zones successives de formations anormales, mais ce n'est pas un nombre définitif; l'accroissement peut se continuer et accentuer davantage l'excentricité de la moelle.

§ 4. — Tribu des Cissampélidées.

Dans quelques tiges âgées de *Cissampelos* nous retrouvons le même développement des cercles concentriques anormaux se rapprochant encore davantage de la structure que nous avons observée dans le *Cocculus laurifolius*.

Les faisceaux toujours isolés, constituent un premier cercle normal dont les arcs péricycliques sont reliés par la sclérose du tissu intermédiaire. La moelle renferme des massifs de cellules polyédriques, jaunes, très épaisses et contenant une matière jaunâtre. Le bois primaire est protégé vis-à-vis de chaque faisceau par une zone de petites cellules d'aspect ligneux assez analogues à celles que nous avons observées dans les *Menispermum*.

La tige âgée du *Cissampelos capensis*, sans présenter d'anomalie, offre cependant un fait qui mérite d'être signalé : les arcs fibreux qui se trouvaient placés à la partie extérieure de chaque faisceau, ont cessé de bonne heure de se développer, tandis que les faisceaux s'accroissaient dans tous les sens et que quelques-uns se dédoublaient. On observe alors que sous les arcs fibreux, dont la dimension témoigne du volume des faisceaux dans un âge moins avancé, se développe une zone continue de cellules scléreuses qui se substitue, pour ainsi dire, aux arcs de fibres péricycliques. Par suite, ces derniers se trouvent rejetés en dehors. L'apparition de ce tissu prosenchymateux se continuant même en regard des rayons médullaires atteste, selon nous, l'activité du péricycle qui reste toujours parenchymateux du côté du liber.

La structure des jeunes tiges que nous avons étudiée dans un certain nombre de Cissampelos, *Cissampelos littoralis*, *Cissampelos ovalifolia*, *Cissampelos Caapeba*, *Cissampelos mauritiana*, *Cissampelos triangularis*, peut être rapportée au schéma de la tige du *Cissampelos hexandra* (Pl. II fig. 21).

Le *Cissampelos hexandra* a une tige cannelée. Les côtes correspondent aux faisceaux qui sont en petit nombre, de 7 à 8, les faisceaux s'avancent tout près du centre, en sorte que la moelle est très réduite. Ils sont séparés par de larges rayons médullaires. A l'extérieur ils possèdent chacun un arc de péricycle fibreux, doublé intérieurement d'un péricycle parenchymateux. Ces arcs ne sont pas réunis les uns aux autres. Les vaisseaux des faisceaux sont très larges. Le parenchyme cortical est peu développé.

Toutes les lianes de cette tribu n'ont pas la tige cannelée comme celle du *Cissampelos hexandra*. Nous noterons brièvement les différences que présente la disposition de leurs éléments.

Dans le *Cissampelos Caapeba* L. les arcs péricycliques, dont la courbure est très développée, se rejoignent exactement. Le péricycle parenchymateux est peu important. Le liber est au contraire assez considérable et renferme des canaux laticifères : on en rencontre aussi dans la moelle.

Dans le *Cissampelos littoralis* même développement notable du liber qui ne renferme pas de laticifères, tandis qu'on en rencontre dans l'endoderme et dans la moelle. La tige cannelée, comme celle du *Cissampelos hexandra* moule ses sinuosités sur les 8 ou 9 arcs du péricycle fibreux ; ses arcs, très accentués en courbure, se relient entre eux à la hauteur de la ligne cambiale.

L'épiderme de la tige du *Cissampelos ovalifolia* porte une assez grande quantité de poils bicellulés à extrémité aiguë, et à canalicule très étroit. Le cercle formé par le péricycle fibreux est continu et répare les lacunes qui viennent à s'y produire par le fait du développement des faisceaux par la sclérose du tissu intermédiaire.

Même observation dans la tige glabre du *Cissampelos mauritiana*. Le péricycle parenchymateux est

constitué par d'assez grandes cellules polyédriques.
Le liber et la moelle renferme des laticifères.

Une tige de *Cissampelos Pareira* L., un peu plus âgée que les précédentes, fait voir l'importance du développement des éléments ligneux. Une dizaine de faisceaux libéro-ligneux terminés en pointe et isolés par d'assez larges rayons à cellules molles, occupent à peu près la totalité de la tige. Le parenchyme cortical et le suber sont peu importants; la moelle très réduite tend à s'épaissir, et renferme de petits paquets de petites cellules lignifiées, disposés en face de la pointe de chaque faisceau. Ce *Cissampelos* présente les anomalies que nous avons étudiées dans le *Cocculus laurifolius*. Il nous semble inutile d'y revenir.

Dans la racine du *Cissampelos Pareira*, prédominent les éléments parenchymateux. Les deux formations primaires, diamétralement opposées, se sont considérablement accrues en longueur en restant néanmoins très minces. De chaque côté se sont produits quelques faisceaux également très allongés et qui sont plongés dans un tissu mou, à cellules minces et allongées dans le sens radial. Tous ces faisceaux ont un liber peu considérable et limité en demi-cercle. Une zone de cellules scléreuses sur deux ou trois rangs sert à protéger le cylindre central qui, comme dans la tige, est très important. Le parenchyme cortical se réduit à quelques rangées de cellules recouvertes par le suber.

III. — AFFINITÉS DES MÉNISPERMÉES.

Il ne suffit pas, pour bien connaître une famille de végétaux, de l'avoir considérée isolément ; il faut encore voir les rapports qu'elle peut présenter avec les familles voisines. Ces rapports ont été jusqu'ici, le plus souvent, établis simplement sur les caractères organographiques, en négligeant absolument ceux que peut fournir l'anatomie comparée. Il y a là, croyons-nous, une lacune regrettable ; on a complètement laissé de côté l'anatomie des végétaux comme si elle était incapable de fournir la moindre indication. Les travaux de ces dernières années ont montré qu'il en était tout autrement : si l'anatomie ne peut remplacer la morphologie, dans bien des cas, tout au moins, elle lui vient en aide. Nous allons essayer de combler cette lacune en ce qui concerne la famille que nous étudions, et nous essaierons de discuter les affinités des Ménispermées en nous appuyant surtout sur les caractères fournis par la structure de ces végétaux.

Pour des raisons que l'on trouvera exposées dans tous les traités de botanique descriptive, on a rapproché les Ménispermées des Lardizabalées, des Schizandrées, des Berbéridées et des Anonacées.

Certains auteurs ont même vu des affinités avec les Lauracées, les Magnoliacées et les Euphorbiacées ; elles ne nous paraissent pas assez justifiées pour que nous nous y arrêtions plus longtemps. Nous nous contenterons donc d'étudier la structure des premières familles et de la comparer ensuite à celle des Ménispermées.

Lardizabalées. — Les Lardizabalées étaient autrefois réunies aux Ménispermées : De Candolle (1) les considérait même comme le type de la famille. Decaisne a cru devoir les séparer et en faire une famille autonome. Il donne les raisons de cette séparation dans son Mémoire (2), mais nous ne saurions nous ranger à son avis, quand il affirme, comme l'avait déjà fait Mirbel (3) « que la structure anato-« mique ne peut servir à nous guider avec certitude « dans le rapprochement des familles entre elles, « au moins tant que des recherches multipliées ne « nous auront pas amené à découvrir pour certains « groupes des caractères que des observations « isolées nous laissent peut-être ignorer (4) ». Nous ne répéterons pas ce que nous avons dit à ce sujet.

(1) Syst. vol. I, p. 511, 1818.
(2) *Loc. cit.*
(3) Ann. Muséum, tome XV.
(4) Decaisne devait changer d'avis dans les dernières années de son existence. Voir sur cette question l'intéressant travail de M. R. Gérard : *Anatomie comparée végétale appliquée à la classification*, 1884.

Certains auteurs, et notamment MM. Bentham et Hooker, Baillon et Van Tieghem ont réuni les Lardizabalées aux Berbéridées dont ils forment une tribu. On le voit, au point de vue morphologique les auteurs sont loin d'être d'accord ; c'est donc le cas de s'adresser à l'anatomie comparée et d'examiner si elle peut jeter quelque lumière sur la question.

Prenons une jeune tige d'*Akebia quinata* au moment où les faisceaux sont en train de se former. La zone péricyclique est encore totalement parenchymateuse et suit en ondulant, sous le parenchyme cortical, les cannelures de la tige qui ne sont pas encore très marquées. Ce péricycle qui est continu devient fibreux extérieurement et reste parenchymateux à la partie interne ; une vingtaine de faisceaux s'organisent autour d'une moelle assez considérable. Quand le nombre des faisceaux augmente, et qu'il est porté à trente environ, le péricycle fibreux reste toujours continu ; le péricycle parenchymateux sert de soutien à un liber en files. Les faisceaux restent isolés, et quand les arcs du péricycle lancent des prolongements scléreux jusque dans les rayons médullaires, ces prolongements ne rejoignent jamais la zone de petites cellules de la moelle qui limitent les faisceaux à l'intérieur du cylindre central. Il y a toujours interruption au niveau du cambium. Quel que soit l'âge de la tige, les faisceaux ne forment jamais une zone complète ; ils restent toujours séparés par des rayons médullaires (Pl. II, fig. 25).

Comme on le voit, l'organisation de cette tige est absolument semblable à celle du *Cocculus laurifolius*, et plus généralement à celle des Ménispermées.

La racine de l'*Akebia quinata* présente deux zones de cellules scléreuses, la plus extérieure incomplète, la plus interne complète et ininterrompue, comme dans le *Cocculus carolinus*. La disposition des faisceaux autour d'une moelle centrale sclérifiée, et la sclérose des rayons médullaires du côté de la moelle augmentent encore les analogies.

Le pétiole de l'*Akebia quinata* peut être comparé à celui du *Cocculus laurifolius*, ainsi que le limbe de la feuille : comme dans ce dernier, il y a un parenchyme en palissade à deux rangées de cellules et un parenchyme lacuneux ; ce parenchyme est un peu plus dense, un peu plus fourni que dans le *Cocculus laurifolius*. Les stomates présentent aussi les deux cellules parrallèles à l'ostiole et « l'épiderme inférieur ressemble à s'y méprendre à celui du *Ménispermum canadense* » (Vesque).

Les observations que nous venons de faire sur l'*Akebia quinata* se représentent dans le *Holbœllia latifolia*. Nous noterons seulement le peu de développement du péricycle parenchymateux et le léger épaississement de l'assise la plus extérieure du parenchyme cortical, montrant une tendance collenchymateuse. Dans la feuille nous retrouvons aussi un hypoderme à une rangée de cellules.

Berbéridées. — Toutes les Berbéridées ont un caractère très particulier. En dedans de l'endoderme formé de très petites cellules, il y a une zone de grandes cellules hexagonales, allongées radialement, scléreuses, mais à cavité très grande. Au-dessous de cette portion scléreuse du péricycle se trouve un anneau de parenchyme vert où, dans certaines espèces, il y a des lacunes aérifères arrondies. La première couche externe du parenchyme du péricycle se cloisonne et produit une assise phellogène. Au-dessous viennent des faisceaux libéro-ligneux qui restent toujours séparés les uns des autres par de larges rayons médullaires comme dans les Ménispermées.

En ce qui concerne la feuille, les stomates sont localisés à la face inférieure et entourés de plusieurs cellules irrégulièrement disposées, rarement accompagnées de deux cellules latérales parallèles à l'ostiole (Vesque).

SCHIZANDRÉES. — C'est par l'intermédiaire de cette famille qu'on a rattaché les Ménispermées aux Anonacées : la structure des Schizandrées ne justifie guère ce rapprochement. Prenons, par exemple, le *Kadsura japonica*. La tige (pl. II, fig. 23) ne présente plus un péricycle disposé en arc, comme dans les Ménispermées ou les Lardizabalées. Il forme des paquets de cellules scléreuses appuyés contre le liber et séparés les uns des autres par les portions du péricycle demeurées parenchymateuses. Il n'y a donc pas de péricycle mince entre le liber

et la partie fibreuse. Les faisceaux de la tige se
soudent de très bonne heure entre eux et forment
une zone complète, traversée seulement par des
rayons médullaires très étroits qui ne tardent pas à
se sclérifier. Le liber renferme des lacunes à gomme
signalées aussi par M. Vesque dans le *Sphærostoma
propinquum* (1). Ces lacunes ont environ quatre
ou six fois le diamètre des cellules environnantes et
sont remplies d'une matière gommeuse très nettement stratifiée.

La feuille du *Kadsura japonica* présente un épiderme supérieur dont certaines cellules renferment
de l'huile. Les stomates sont localisés à la face inférieure et présentent deux cellules parallèles à
l'ostiole. Le parenchyme possède une rangée de
tissu en palissade et quatre ou cinq rangées de tissu
lacuneux. Il renferme des cellules oléigènes. Les
faisceaux du pétiole et des nervures renferment dans
le liber des lacunes à gomme comme dans la tige.

Nous avons étudié sur le sec un fragment de tige,
étiqueté dans l'Herbier d'où elle provient sous le
nom de *Schizandra coccinea*. La structure diffère
tellement de celle du *Kadsura*, que nous avons peine
à croire que ce soit là une Schizandrée; nous
croyons à une erreur de détermination. Cette tige
présente en effet un péricycle continu, absolument
scléreux sur tout son pourtour; il est formé de huit

(1) Anatomie comparée de l'écorce. (Ann. Sc. nat, 6ᵉ série,
t. II, 1875.)

à dix rangées de cellules scléreuses, polyédriques, assez volumineuses, irrégulièrement disposées. Ce péricycle entoure une zone libero-ligneuse continue. Sous la zone scléreuse péricyclique se forme une couche de suber qui produit une écorce secondaire et amène la chute du péricycle et de l'écorce primaire. Comme on le voit, nous n'avons ici rien de semblable à ce que nous avons vu dans la tige du *Kadsura*. N'avons-nous pas eu plutôt affaire à une Berbéridée égarée dans cette famille?

ANONACÉES. — La structure des Anonacées, est bien loin de celle des Ménispermées. Les faisceaux forment un cercle continu ; le liber est stratifié et les rayons medullaires s'y épanouissent en éventail. Il y a là quelque chose qui rappelle la structure des Tiliacées. Cette stratification du liber ne se présente pas seulement dans la tige ; on la rencontre encore dans le liber secondaire de la racine.

Maintenant que nous connaissons dans ses traits généraux l'anatomie de chacune des familles voisines des Ménispermées, nous avons tous les éléments pour la discussion des affinités.

Au point de vue anatomique, les Ménispermées s'éloignent beaucoup des Anonacées et des Schizandrées ; d'ailleurs, elles s'en éloignent suffisamment déjà par les caractères morphologiques. Elles n'ont guère de commun entre elles que le type ternaire de la fleur.

Il en est tout autrement en ce qui concerne les Berbéridées et les Lardizabalées, qui, morphologiquement, ne diffèrent guère des Ménispermées que par la pluralité des ovules et la nature du fruit qui n'est pas drupacé.

Et tout d'abord y a-t-il lieu, comme on l'a fait, de placer les Lardizabalées dans les Berbéridées ? Nous ne le pensons pas. Les Berbéridées ont des fleurs hermaphrodites, des anthères extrorses, un pistil formé d'un seul carpelle. Les Lardizabalées au contraire ont des fleurs diclines par avortement, des anthères extrorses et un pistil formé de trois carpelles. Enfin la structure anatomique de la tige, si différente dans les deux groupes, vient confirmer cet éloignement. Nous regrettons, à ce point de vue, de ne pas être de l'avis de M. Vesque qui prétend que les Berberidées «seraient difficiles à séparer anatomiquement des Ménispermées.

Les Lardizabalées, séparées des Berbéridées doivent, selon nous, être réunies aux Ménispermées, comme l'avait fait de Candolle. En effet, au point de vue morphologique, la seule différence consiste dans la pluralité des ovules et la nature du fruit. Mais d'un autre côté la diclinie et le nombre des verticilles floraux en font bien des Ménispermées. Enfin, au point de vue anatomique, nous n'avons observé aucune différence capitale entre les deux groupes ; l'analogie de structure est tout au contraire des plus frappantes. Et la structure des Ménispermées est tellement particulière, tellement spéciale et caractéristique, que l'on ne doit pas hésiter à leur adjoindre les plantes qui la présentent, surtout lorsque les caractères organographiques ne sont pas tellement dissemblables qu'ils empêchent tout rapprochement.

CONCLUSIONS.

Arrivé au terme de cette étude, résumons succinctement les réflexions que nous a suggérées l'observation des végétaux, malheureusement en trop petit nombre, qu'il nous a été donné d'analyser. On le comprend, nos conclusions ne sauraient être absolues ; mais comme nos observations ont porté sur une assez grande variété de types et que les phénomènes observés se sont montrés constants dans tous les cas, on peut leur accorder une certaine valeur.

Aux caractères que M. J. Vesque a tirés de l'anatomie comparée des poils, des épidermes de la feuille et du mésophylle, nous joindrons ceux que nous avons rencontrés dans la structure du péricycle, l'organisation des faisceaux, et l'anatomie de a moelle.

Dans les Ménispermées, les faisceaux restent toujours isolés ; ils ne se fusionnent pas en une zone continue comme dans la plupart des végétaux dicotylédones. Que l'on ait affaire à des plantes non volubiles ou à des lianes, les faisceaux sont protégés du côté de la périphérie par une série continue d'arcs fibreux ou scléreux qui appartiennent au péricycle. Du côté du liber, la concavité des arcs péricycliques renferme un tissu non épaissi, qui se différencie nettement du liber, et auquel on a donné le nom de péricycle parenchymateux. La moelle se sclérifie presque toujours vis-à-vis des faisceaux ; cette sclérose se fait quelquefois tout autour de l'extrémité des faisceaux et forme des arcs dont les extrémités en se rejoignant, produisent une sorte de péricycle médullaire. La disposition de cette double rangée d'éléments renforcés et protecteurs a manifestement pour effet d'augmenter la résistance de ces tiges grimpantes. Comme dans les autres espèces de lianes, les vaisseaux du bois sont toujours volumineux.

Les anomalies que nous avons signalées, et qui se rencontrent dans la tige et dans la racine des végétaux volubiles et non volubiles, ne sont pas assez générales pour servir de caractère fondamental à la famille des Ménispermées ; on peut, en effet, les rencontrer dans des plantes appartenant à des groupes très éloignés.

Nous recourons aussi à l'anatomie comparée pour la détermination des tribus de la famille des Ménispermées. Nous y adjoignons comme nouvelle tribu, le groupe des Lardizabalées, et voici la nouvelle subdivision que nous proposons :

Un seul ovule Fruit drupacé.	Cotylédons appliqués. Albumen abondant.	1° *Cocculées.*
	Cotylédons appliqués. Albumen nul.	2° *Pachygonées.*
	Cotylédons divergents. Laticifères.	3° *Chasmanthérées.*
	Un seul carpelle. Laticifères. .	4° *Cissampelidées.*
Plusieurs ovules. Fruit baccien. . . .		5° *Lardizabalées.*

En terminant ce travail, exécuté au laboratoire des Hautes-Etudes de l'École supérieure de Pharmacie de Paris, il nous reste à remercier notre excellent maître et ami, M. J. Hérail, maître de conférences à l'Ecole de Pharmacie, pour les utiles conseils qu'il nous a prodigués au cours de cette étude.

EXPLICATION DES FIGURES

—

PLANCHE I.

Fig. 1-8. — *Cocculus laurifolius.*

Fig. 1. — Schéma de la racine ; période primaire.

Fig. 2. — Schéma de la racine avec formations anormales dans l'écorce.

Fig. 3. — Schéma d'une tige avec formations anormales dans l'écorce.

Fig. 4. — Schéma montrant l'irrégularité de développement dans les faisceaux normaux : le cambium cortical prend naissance dans l'intervalle des deux grands faisceaux.

Fig. 5. — Détails du schéma précédent : *b.,* bois; *c.,* cambium; *l.,* liber; *pr. par.,* péricycle parenchymateux ; *pr. sc.,* péricycle scléreux; *b. an.,* bois anormal ; *l. an.,* liber anormal; c^2, cambium secondaire.

Fig. 6. — Schéma du pétiole.

Fig. 7. — Coupe transversale du limbe : *ép.,* épiderme ; *p. pal.,* parenchyme palissadique ; *p. lac.,* parenchyme lacuneux ; *f. lb.,* faisceau libéro-ligneux; *st.,* stomate.

Fig. 8. — Epiderme de la face inférieure avec stomates et cellules de bordure.

Fig. 9-11. — *Anamirta Cocculus.*

Fig. 9. — Coupe transversale du limbe de la feuille : *ép.* épiderme; *p. pal.,* parenchyme palissadique ; *p. lac.,* parenchyme lacuneux; *c. fbr.,* cellules fibreuses ; *f. lbr.,* faisceau libéro-ligneux.

Fig. 10. — Epiderme de la face inférieure de la feuille vu de face.

Fig. 11. — Portion du parenchyme du pétiole montrant l'ouverture d'un laticifère *lat.*

Fig. 12. — *Menispermum canadense.* — Portion de tige grossie ; *ép.*, épiderme ; *p. c.*, parenchyme cortical ; *ed.*, endoderme ; *pr. sc.*, péricycle scléreux ; *pr. par.*, péricycle parenchymateux ; *lb.*, liber ; *c.*, cambium ; *b.*, bois ; *tr.*, trachées ; *m.*, moelle ; *rm.*, rayon médullaire.

Fig. 13. *Pareira brava.*

Fig. 14. — *Cocculus toxiferus.* Schéma de la tige.

PLANCHE II.

Fig. 13-14. — *Burasaia madagascariensis.*

Fig. 13. — Schéma du pétiole.

Fig. 14. — Coupe transversale du limbe : *ép.*, épiderme ; *hyp.*, hypoderme ; *p. pal.*, parenchyme palissadique ; *p. lac.*, parenchyme lacuneux ; *c. fbr.*, cellules fibreuses.

Fig. 15-20. — *Chasmanthera palmata.*

Fig. 15. — Schéma de la tige.

Fig. 16. — Portion grossie du cylindre central : *ed.*, endoderme avec laticifères ; *pr. sc.*, péricycle scléreux ; *pr. par.*, péricycle parenchymateux ; *l.*, liber. ; *c.*, cambium ; *b.*, bois ; *m.*, moelle.

Fig. 17. — Schéma de la racine.

Fig. 18. Portion grossie de la racine : *s.*, suber ; *z. scl.*, zone scléreuse ; $p.\ c^2$, parenchyme cortical secondaire ; $l^2.$, liber secondaire ; *c.*, cambium ; b^2, bois secondaire ; *rm.*, rayon médullaire.

Fig. 19. — Poil glanduleux de la feuille.

Fig. 20. — Amidon de la racine.

Fig. 21. *Cissampelos hexandra.* — Schéma de la tige.

Fig. 22. — *Tinospora cordifolia.* — Schéma de la tige.

Fig. 23. *Kadsura japonica.* — Schéma de la tige, le liber renferme des lacunes à gomme.

Fig. 24. — *Berberis vulgaris.* — Schéma de la tige : *pr. sc.*, péricycle scléreux.

Fig. 25. — *Akebia quinata.* — Schéma de la tige.

PARIS — IMP. V. GOUPY ET JOURDAN, RUE DE RENNES, 71.

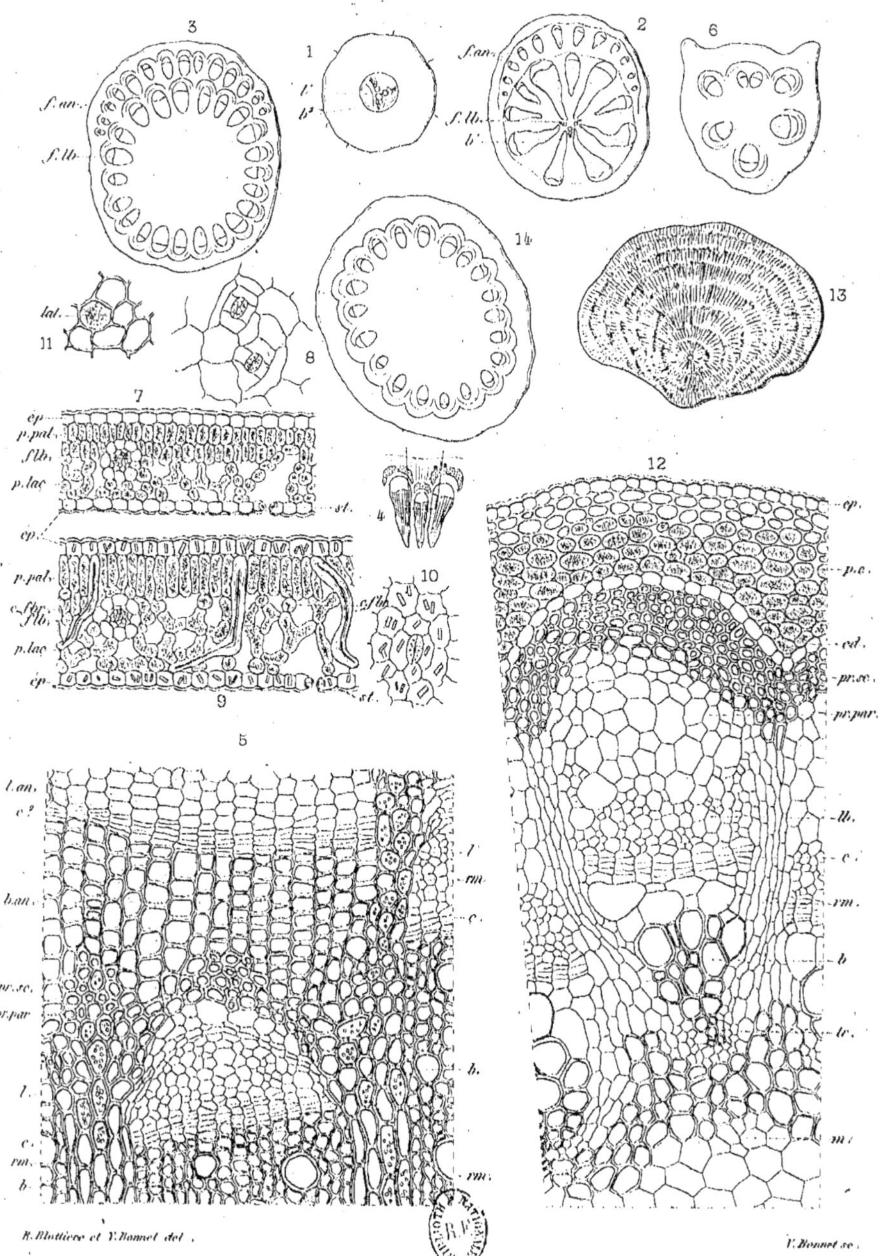

R. Blottière et V. Bonnet del.

V. Bonnet sc.

Cocculus laurifolius (1-8) — *Anamirta Cocculus* (9-11) — *Menispermum canadense* (12)
Pareira Brava (13) *Cocculus taxiferus* (14)

Paris — Imp. Geny-Gros, 34 Montagne S.te Geneviève.

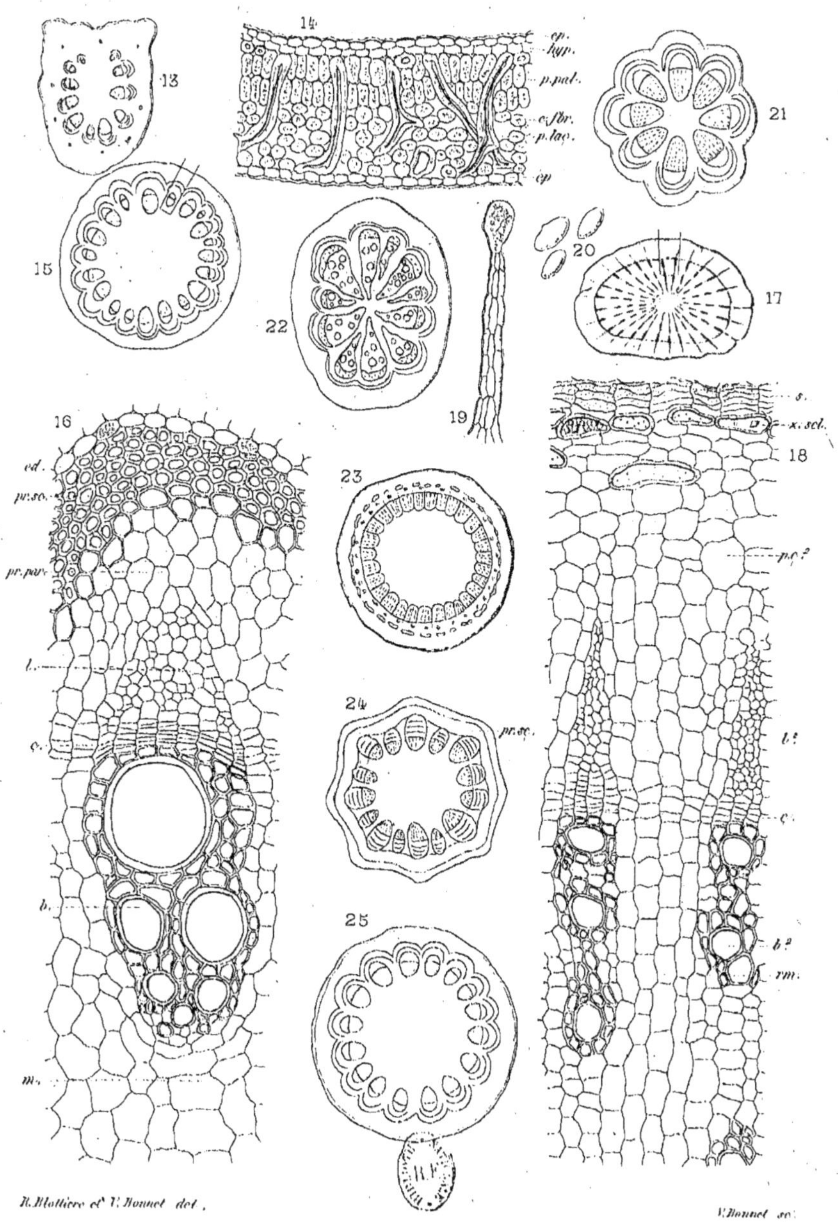

R. Mollière et V. Bonnet del.   V. Bonnet sc.

Burasaia madagascariensis (13-14) — *Chasmanthera palmata* (15-20)
Cissampelos hexandra (21) — *Tinospora cordifolia* (22) — *Kadsura* (23)
Berberis (24) — *Akebia* (25)

www.ingramcontent.com/pod-product-compliance
Lightning Source LLC
Chambersburg PA
CBHW061555080726
47597CB00004BA/1240